RESUMEN Y ASPECTOS BASICOS DE LOS ACCESOS VASCULARES PARA HEMODIALISIS

INDICE

1.-ACCESOS VASCULARES: F. ARTERIOVENOSA
  1.1.-Definición
  1.2.-Clasificación
  1.3.-Historia
2.-FÍSTULAS ARTERIOVENOSAS EXTERNAS
  2.1.-Indicaciones
  2.2.-Técnica quirúrgica
  2.3.-Tipos más utilizados
  2.4.-Complicaciones
3.-FÍSTULAS ARTERIOVENOSAS INTERNAS
  3.1.-Indicaciones
  3.2.-Técnica quirúrgica
  3.3.-Localizaciones
  3.4-Clínica
  3.5.-Duración
  3.6.-Complicaciones
4.-PRÓTESIS VASCULARES
  4.1.-Indicaciones
  4.2.-Duración
  4.3.-Tipos
  4.4.-Complicaciones
  4.5.-Cuidados
5.-OTROS ACCESOS VASCULARES

PARTE I:

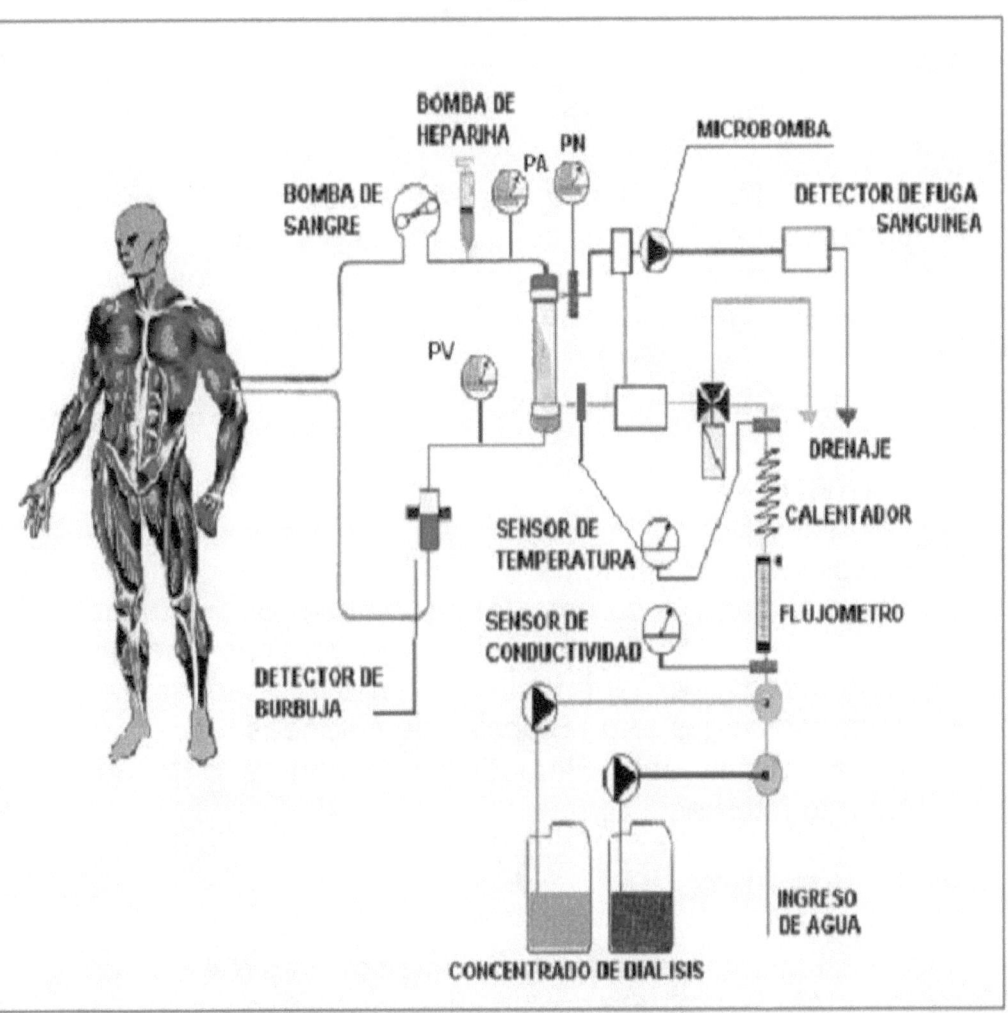

1.- ACCESOS VASCULARES: FÍSTULAS ARTERIOVENOSAS.

1.1.- DEFINICION:

Se llama Fístula Arteriovenosa (FAV) a la comunicación entre una arteria y una vena, independientemente de cualquier otra consideración sobre su apariencia, aspecto clínico, etiología, etc.

1.2.-CLASIFICACIÓN

• Congénitas
• Adquiridas
• Accidentales
Traumatismos externos (arma blanca o de fuego, accidentes, etc.) Complicaciones quirúrgicas Accesos percutáneos a arterias o venas (arteriografías, cateterizaciones, etc.) Biopsias percutáneas
•Terapéuticas para Hemodiálisis Externas o "shunt" externo Internas

1.3.-HISTORIA

El interés por las FAV comienza en 1764 cuando WILLIAM HUNTER escribió sus "observaciones acerca de un particular tipo de aneurisma, en el que la sangre pasa directamente de la arteria a la vena y vuelve al corazón". A partir de esa fecha la frecuencia de las FAV adquiridas aumenta progresivamente, principalmente en el período de las dos grandes guerras (1914, 1940), a causa, fundamentalmente, del inadecuado tratamiento de las heridas vasculares.

Tras la guerra de Corea y Vietnam se produce una disminución drástica de las mismas como consecuencia del correcto tratamiento que se empieza a hacer de las heridas vasculares, en consonancia con el gran desarrollo alcanzado por la cirugía vascular en la década de los 50.

Hoy día, las FAV de origen traumático son una auténtica rareza clínica. Sin embargo, el conocimiento de la anatomía y fisiología de este tipo de fístulas ha hecho posible el desarrollo de la siguiente etapa.

En 1960 QUINTON publica el uso de la primera FAV externa con fines terapéuticos; con ello nace la posibilidad de realizar Programas de Hemodiálisis para pacientes con Insuficiencia Renal Terminal, en situación de Fracaso Renal Irreversible.

Posteriormente, en 1966, BRESCIA y CIMINO desarrollan el concepto de FAV interna, basándose en la experiencia conseguida en el manejo y conocimiento de las FAV adquiridas de origen traumático.

2.-FÍSTULAS ARTERIOVENOSAS EXTERNAS

Como ya hemos dicho, fueron introducidas por QUINTON en 1960 y básicamente consisten en dos segmentos cónicos de Teflon (llamados "tips") que se introducen, uno en la arteria y el otro en una vena próxima. Ambos se continúan con sendos tubos de sylastic que salen al exterior y se unen por medio de un conector (Fig.1). Este conector se puede quitar y poner con facilidad, con objeto de simplificar la conexión de la rama arterial y venosa a las líneas del dializador y, una vez finalizada la sesión de Hemodiálisis, volver a recomponer la fístula.

2.1.-INDICACIONES

Las FAV Externas están indicadas siempre que se precise dializar a un paciente de manera inmediata, dado lo fácil de su colocación. En términos generales sus indicaciones son:

1. - Insuficiencia Renal Aguda
2. - Intoxicaciones por drogas o tóxicos dializables
3. - Plasmaféresis
4. - Pacientes en diálisis, con problemas en su fístula interna, mientras se soluciona su problema
5. - Excepcionalmente, pacientes en los que no se puede conseguir una fístula interna, ni realizarse ningún tipo de diálisis peritoneal.

2.2.-TÉCNICA QUIRÚRGICA

Siempre se implantan mediante anestesia local o bloqueo regional. Se deben colocar, por orden de preferencia, en un tobillo, haciendo el shunt entre la arteria tibial posterior (detrás del maleolo interno) y la vena safena interna, a la misma altura (Fig.2). Si esta localización falla, se puede intentar más arriba o colocarla en el otro tobillo. Si esto tampoco es posible, se colocará en el brazo no dominante, lo más distal posible, conectando la arteria radial y la vena cefálica. En este último caso la fístula externa se puede convertir en interna.

En la implantación de las FAV Externas hay que tener precaución de que los "Tips" queden perfectamente alineados dentro del vaso y bien sujetos, tanto al propio vaso, como al tubo de silastyc. Para ello realizaremos una ligadura sobre el vaso que recubre el "tips" (Fig.3-4). De no tomarse estas precauciones, el riesgo de falta de flujo (por chocar el extremo del tips con la pared del vaso) o la pérdida de la fístula (por salirse el tips del vaso) son elevadísimos, con todos los problemas de ello derivados.

La FAV Externa se puede realizar en cualquiera de las cuatro extremidades, pero nosotros siempre preferimos colocarlas, de primera intención, en una extremidad inferior con el fin de preservar las venas de los brazos para una posible FAV Interna posterior, ya que, en contadísimas ocasiones, podemos estar seguros de que ese paciente no va a pasar a la cronicidad.

Siempre se intenta colocar en la parte más distal de la extremidad correspondiente (tobillo, muñeca) para tener margen y poder aprovechar el máximo posible de trayecto venoso, en caso de que una primera implantación resulte fallida por cualquier causa.

De utilizar las extremidades superiores, preferimos el brazo no dominante (generalmente el izquierdo), menos gravoso para el paciente, ya que su menor utilización en la vida diaria permite una mayor actividad manual y psicológicamente es más confortable para el enfermo.

Procuramos en todos los casos respetar las venas de los brazos durante el proceso agudo, infundiendo los sueros necesarios por otras vías (subclavia, etc.) para prevenir la aparición de flebitis en las extremidades superiores que, el día de mañana, puedan dificultar y, en ocasiones, impedir la realización de una FAV Interna a ese nivel, si el paciente pasa a la cronicidad.

2.3.-TIPOS DE FÍSTULAS EXTERNAS MÁS USADAS

SHUNT DE SCRIBNER

Es el primero que se utilizó y, todavía hoy, quizás el más ampliamente utilizado (Fig 1 y 2)

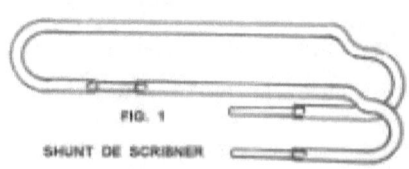

FIG. 1
SHUNT DE SCRIBNER

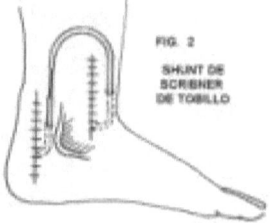

FIG. 2
SHUNT DE SCRIBNER DE TOBILLO

SHUNT DE BUSELMEIER

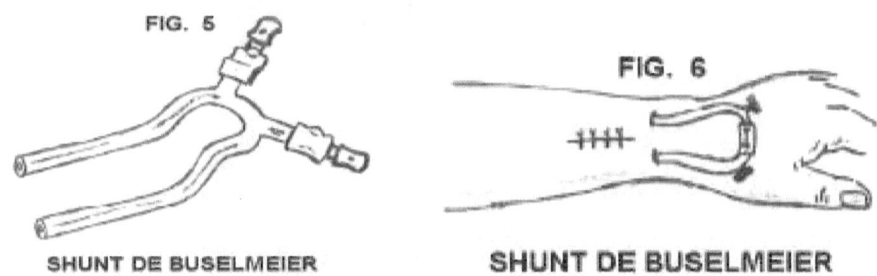

FIG. 5

SHUNT DE BUSELMEIER

FIG. 6

SHUNT DE BUSELMEIER

Es, probablemente, mas cómodo de colocar y de manejar que el anterior. Carece de conector intermedio. Es como una "U", con dos pabellones cerrados con un tapón por los que se conecta a las líneas del dializador colocando, en ese momento, una pinza entre ambos pabellones.

SHUNT DE ALLEN-BROWN

La diferencia con los anteriores reside en que no existe el "tip" y lo que hace es suturar, en posición término-terminal a la arteria y a la vena. Requiere una técnica quirúrgica superior a las anteriores. Está indicado en aquellos pacientes en los que, por alguna razón, la FAV Externa es la única alternativa válida, ya que tiene el inconveniente de que inutilizamos ambos vasos para futuras fístulas a ese nivel (Fig. 7).

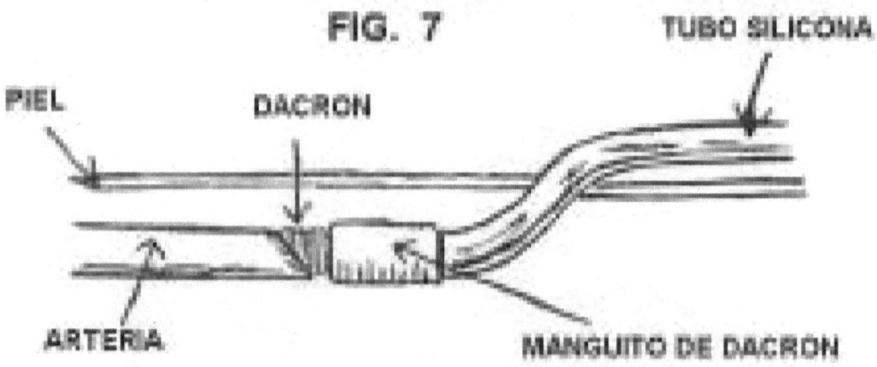

FIG. 7

PIEL

DACRON

TUBO SILICONA

ARTERIA

MANGUITO DE DACRON

SHUNTO DE ALLEN-BROWN

SHUNT DE THOMAS

Como el anterior, tampoco dispone de "Tips". Se trata de un tubo de silicona que termina en un pabellón" de Dracon que se sutura, en posición término-Lateral, a la arteria y vena respectivamente.

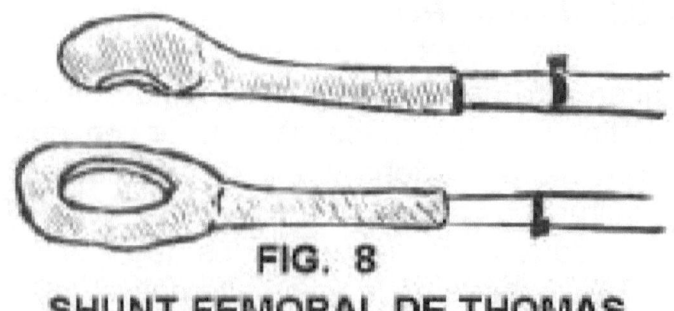

FIG. 8
SHUNT FEMORAL DE THOMAS

Generalmente se utiliza en la raíz del muslo, entre arteria ilíaca y vena safena. Sus indicaciones y contraindicaciones son las mismas que el anterior (Fig.8).

DURACIÓN DE LAS FÍSTULAS EXTERNAS

La duración de un shunt externo oscila, como promedio, entre dos y cinco meses, aunque, con un cuidado perfecto, se han llegado a describir supervivencias de años.

2.4.-COMPLICACIONES DE LAS FÍSTULAS EXTERNAS INFECCIÓN

Se manifiesta por enrojecimiento, calor, dolor y edema de la zona. También se puede manifestar por la aparición de secreciones. En ocasiones se acompaña de escalofríos y fiebre.

Si es de aparición precoz se deberá a problemas quirúrgicos, como causa más frecuente, mientras que si su aparición se realiza de manera tardía, el origen, generalmente, será debido al defectuosos manejo de la misma.

En cuanto se sospeche la aparición de esta complicación y como primera medida, antes que ninguna otra, se tomará cultivo de la zona.

La infección de la fístula puede conducir a complicaciones muy serias, como la sepsis y la endocarditis, y, en definitiva, a la pérdida de la misma por trombosis (precipitada por la propia infección) o porque sea necesario su extirpación para erradicar la infección.

TROMBOSIS

Aunque, a veces se produce sin causa aparente, en la mayoría de los casos responde a infecciones, insuficiencia de flujo, traumatismos, compresiones externas o tracciones indebidas en su manejo.

HEMORRAGIA

Si aparece precozmente suele deberse a problemas quirúrgicos en la implantación. Las hemorragias tardías se producen, generalmente, por erosión del tip o de los tubos sobre las paredes de los vasos. Son más frecuentes cuando hay infección.

INSUFICIENCIA DE FLUJO

Es debido, generalmente, a una mala colocación del tip que no está bien alineado con el vaso o no está suficientemente fijado al mismo, o a una tracción incorrecta de las ramas de la fístula por maniobras inapropiadas. Conduce a la trombosis del shunt.

SEPARACIÓN DEL CONECTOR

Provoca una hemorragia masiva a través de la rama arterial. Requiere un clampaje inmediato de las ramas, por lo que se recomienda que todo paciente portador de un shunt externo lleve, siempre consigo y en sitio fácilmente accesible, dos clamps para su utilización inmediata en caso de que aparezca esta complicación que siempre será debida, o bien a una mala conexión al final de la sesión de HD, o bien a una tracción indebida.

ARRANCAMIENTO DE UNA DE LAS RAMAS

Siempre es debido a maniobras inadecuadas y tracciones indebidas, si el shunt está colocado y los tips adecuadamente sujetos a los vasos. Provoca una hemorragia a través de la rama arterial que habrá que cortar de inmediato, con compresión externa de la zona.

TRATAMIENTO DE LAS COMPLICACIONES

Cualquiera de estas complicaciones debe ser corregida inmediatamente con las medidas adecuadas, llegando, si es preciso, a la reparción quirúrgica urgente del problema.

La infeccion, dado que el germen mas frecuente es el estafilococo epidermidis procedente de la piel, se tratará de inmediato, una vez tomado el cultivo. Solo si el cultivo nos indica otra cosa y la infección no cura con el tratamiento antibiotico, se cambiaría éste por el de elección para el germen causal según el antibiograma.

En las trombosis, como primera medida y antes de llegar a la desobstrucción quirúrgica, intentaremos una desobtrucción manual aspirando por ambas ramas con una jeringuilla inyectando por ellas una solución de suero salino heparinizado. Si la resolución del problema no es fácil por encontarr mucha resistencia, es mejor no insistir y revisar quirúrgicamente la fístula los más precozmente posible, ya que un trombo reciente es fácilmente extraíble, pero pasadas unas horas está organizado y no se puede sacar. No es necesario decir que todas estas maniobras se deben realizar con la mayor asepsia posible (paños, gorros, guantes, mascarilla , etc.).

CUIDADOS DE LA FISTULA EXTERNA

1.- Cuidados postoperatorios: El miembro en el que se ha implantado el shunt debe colocarse en elevación, con una almohada, para evitar el edema que puede comprimir y llegar a obstruir la vena.

El shunt puede usarse inmediatamente, pero si se puede es mejor esperar 24-48 horas.

Si los apósitos están secos y limpios no se cambiarán hasta pasado 24 horas.

Hay que detectar lo antes posible la aparición de cualquiera de las complicaciones descritas: Edema, peligrosos por la posible compresión Frialdad / parestesias de la extremidad, que pueden deberse a "robo arterial distal" Desaparición del thrill o del latido en la rama, que indica obstrucción o falta de flujo Desaparición del color "rojo" característico y aparición de un "burdeos oscuro" que indica obstrucción.

2.- Cuidados en su manejo: Con técnica estéril : guantes y mascarilla Quitar todas las gasas de la cura anterior Si se observan secreciones tomar muestra para cultivo Lavar con jabón antiséptico y suero salino ambos orificios cutáneos de salida de las ramas por la piel, de modo que no queden restos de secreciones, sangre, etc.

Lavar a continuación con alcohol a chorro para que se seque Poner finalmente suero salino hipertónico, Clorhexidina o Betadine según prescripción facultativa en los puntos por donde salen los tubos en la piel Usar siempre una técnica estéril para la conexión y desconexión.

No aplastar con las manos el conector intermedio en la maniobra de colocación entre ambas ramas.

Usar pinzas desconectoras especiales para no efectuar tracciones innecesarias sobre las ramas de la fístula.

3.- Cuidados generales: El paciente y sus familiares más directos deben ser siempre instruídos sobre los siguientes puntos:

Observar frecuentemente el color y la temperatura de las ramas de la fístula: deben estar rojas y calientes.

Tener siempre a mano dos clamps de tubo para usarlos en caso de una rotura o una desconexión accidental del shunt.

Procurar evitar todo tipo de traumatismos sobre la extremidad donde se encuentra la fístula.

No pinchar el tubo de la fístula bajo ningún pretexto.

No dejarse tomar la Presión Arterial en esa extremidad.

No llevar nunca en el brazo de la fístula pesos (bolsos, etc.), ropas a cualquier otra cosa que pueda comprimir el brazo y dificultar el retorno venoso.

Evitar temperaturas exteriores muy elevadas.

Ante la aparición de dolor, cambios de color, edema, frialdad de la extremidad, rotura o desconexión de la fístula, deberá acudir inmediatamente al Servicio de Nefrología.

3.-FISTULAS ARTERIOVENOSAS INTERNAS

El concepto de FAV Interna aparece en 1966 cuando BRESCIA Y CIMINO se les ocurrió la idea de suturar una vena superficial a una arteria próxima. De esta manera, al cabo de unas semanas, cuando la fístula "había madurado", se obtenía una vena superficial dilatada, fácilmente canalizable, con paredes engrosadas, que permite ser pinchada numerosas veces y con un flujo semejante al de una arteria.

Desde ese momento, ésta es la fístula de elección para los pacientes que necesitan realizarse Hemodiálisis de manera indefinida en un Programa de Crónicos.

3.1.-INDICACIONES

La fundamental, como acabamos de decir, es la Hemodiálisis Periódica y quizás en algunos casos los pacientes que precisen plasmaféresis, aquellos con neoplasias y tratamientos quimioterápicos y algunos con "nutrición parenteral contínua".

La FAV Interna es en todo caso el procedimiento más habitual para Hemodiálisis. Permite al paciente hacer una vida normal, sin las limitaciones de las FAV Externas y con muchísimos menos problemas y complicaciones.

3.2.-TÉCNICA QUIRÚRGICA

Al igual que las externas, siempre se realizan con anestesia local o bloqueo regional.

Las conexiones entre arteria y vena se pueden hacer de diversas maneras:

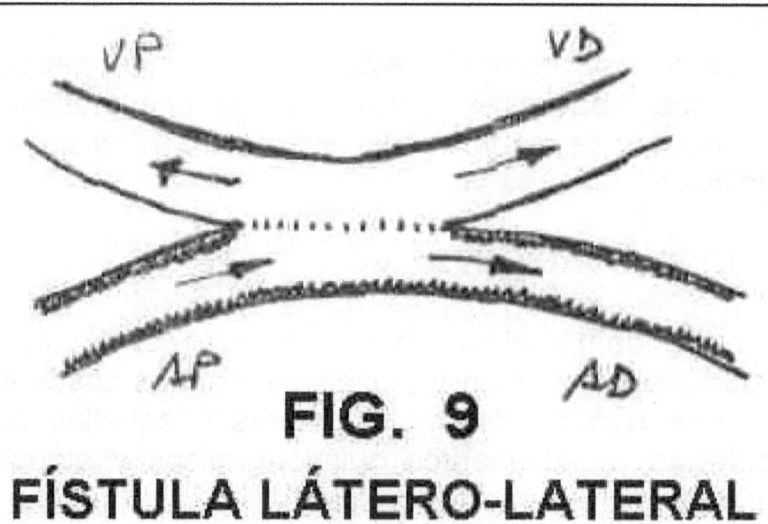

FIG. 9
FÍSTULA LÁTERO-LATERAL

La arteria y la vena se suturan por sus paredes laterales (Fig. 9) y una vez realizada, la fístula consta de arteria proximal (AP), arteria distal (AD), vena proximal (VP) y vena distal (VD). El flujo se realiza en el sentido de las flechas. Hoy en día está prácticamente en desuso por lo problemas de hiperflujo venoso distal e hipoflujo venoso proximal que presenta.

LÁTERO-TERMINAL

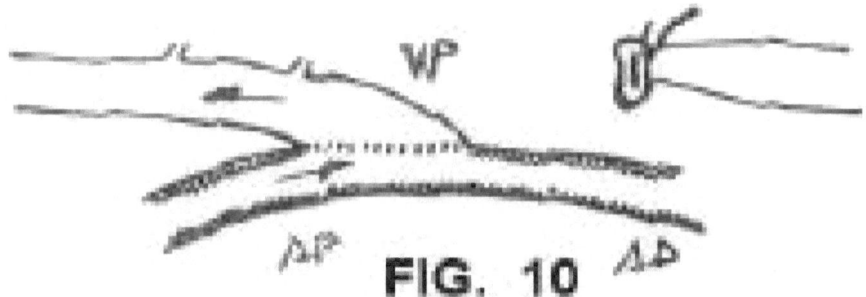

FÍSTULA LÁTERO-TERMINAL

En la cara lateral de la arteria se sutura la parte terminal de la vena (Fig. 10). En este tipo no hay vena distal funcionante (VD) y toda la sangre se va por la vena proximal (VP). Es el tipo de elección y el más frecuentemente realizado.

TÉRMINO-TERMINAL
TERMINO-TERMINAL

FIG. 11

FÍSTULA TÉRMINO-TERMINAL

La parte terminal de la arteria se sutura a la parte terminal de la vena, es decir, la arteria y la vena se seccionan, los cabos proximales se anastomosan y los cabos distales se ligan (Fig. 11). El resultado final es un "asa vascular" en la que sólo hay AP y VP.

Este tipo de fístulas es poco usado ya que puede producir con mucha facilidad, isquemia distal de la extremidad por falta de flujo arterial.

TÉRMINO-LATERAL

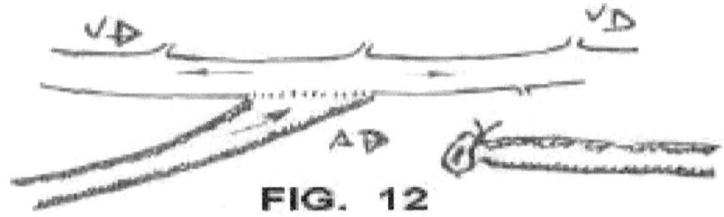

FIG. 12

FÍSTULA TÉRMINO-LATERAL

La parte terminal de la arteria (que se secciona) se sutura a la cara lateral de la vena.

Prácticamente no se utiliza nunca ya que no aporta ninguna ventaja y tiene en cambio los inconvenientes de los tipos 1 y 3 (Fig. 12)

METODOLOGÍA A SEGUIR

Antes de la intervención se realizará un estudio cuidadoso de la anatomía de las venas de la extremidad superior, comprimiendo con un torniquete si es preciso porque la simple inspección no sea suficiente. A continuación hay que palpar el pulso de la arteria radial y cubital, de modo que tengamos la seguridad de que si se trombosase la arteria sobre la que vamos a construir la fístula, la mano seguiría teniendo aporte sanguíneo suficiente por la otra arteria.

La anestesia, como ya hemos dicho, se hará preferentemente mediante bloqueo regional con lo que conseguiremos a la vez una buena vasodilatación. Si esto no es posible, serealizará con anestesia local.

El campo quirúrgico debe incluir todo el antebrazo. Una incisión longitudinal u oblicua, lo más pequeña posible, a nivel de la muñeca descubre la vena cefálica y la arteria radial (Fig. 13). Se diseca la vena, que se encuentra inmediatamente debajo de la piel, en el tejido celular subcutáneo, ligando y seccionando las colaterales en una extensión de unos 5 cms., a fin de que la vena tenga movilidad. A continuación, bajo la fascia, se diseca la arteria radial en una extensión de unos 3-4 cms. Así expuestos ambos vasos, la vena se puede aproximar fácilmente a la arteria.

Ahora podemos planear alguna de las anastomosis de las que ya hemos hablado, usando a partir de ese momento material microquirúrgico.

Si realizamos una fístula látero-lateral (Fig. 14) aproximaremos la vena a la arteria manteniéndolas juntas con sendas pinzas vasculares atraumáticas, de modo que podamos hacer una incisión longitudinal de 8-10 mm en arteria y vena. Comenzamos a coser los bordes más próximos, que van a constituir la cara posterior de la fístula, mediante una sutura monofilamente de 6-7 (0) con aguja en sus dos extremos, de modo que continuamos la sutura uniendo los bordes que están más alejados que serán la cara anterior de la fístula (Fig. 15,16,17,18 y 19). Antes de anudar los dos cabos de la sutura comprobaremos la permeabilidad de ambos vasos en sus cuatro ramas.

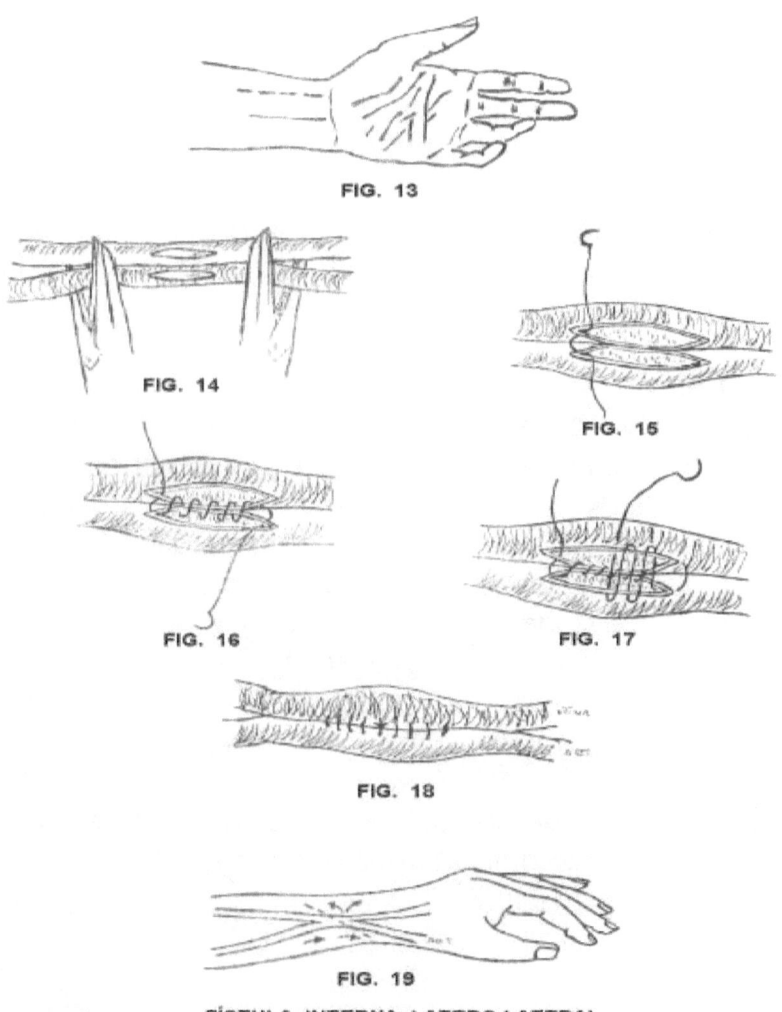

FIG. 13

FIG. 14

FIG. 15

FIG. 16

FIG. 17

FIG. 18

FIG. 19

FÍSTULA INTERNA LATERO-LATERAL

La técnica de la fístula término-lateral es semejante, si bien es ligeramente más laboriosa. Se secciona la vena y se liga el cabo distal. Por el lado proximal inyectamos solución salina heparinizada y se coloca un clamp vascular atraumático. Se colocan dos clamps en los extremos de la arteria disecada y se hace una incisión longitudinal entre 5-10 mm, de modo que su tamaño se adecue al diámetro transversal de la vena.

Por el orificio que hemos realizado en la arteria se inyecta con un catéter corto tipo "abbocath" solución salina heparinizada en ambas direcciones. Se comienza a suturar con un hilo monofilamento 6-7 (0), con dos agujas (los puntos en la arteria deben darse siempre de dentro a fuera sobre todo en pacientes con arterioesclerosis), de modo que podemos hacer: o bien una sutura contínua o hacerlo en dos mitades, o si el calibre de la vena es muy reducido mediante puntos sueltos (Fig 23, 24 y 25).

Si la vena es de un calibre inferior a 4 mm se corta en bisel para conseguir un orificio del tamaño de la incisión en la arteria.

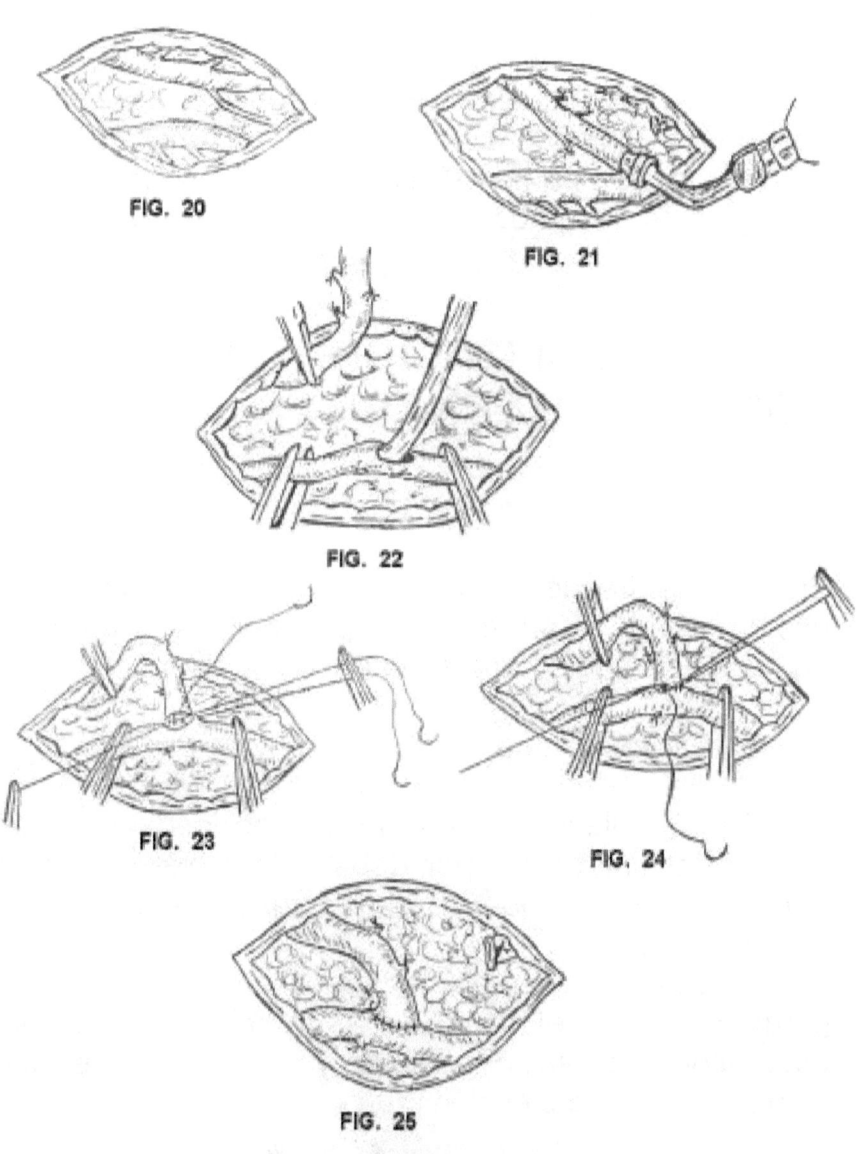

FIG. 20

FIG. 21

FIG. 22

FIG. 23

FIG. 24

FIG. 25

FÍSTULA TÉRMINO-LATERAL

La piel se sutura de manera habitual y se coloca un apósito teniendo cuidado que la compresión del mismo no comprima el flujo de la fístula con el consiguiente riesgo de trombosis.

3.3.-LOCALIZACIÓN DE LAS FÍSTULAS INTERNAS

1.- Radiocefálica

Es la más frecuentemente usada y consiste en la nastomosis de la arteria radial a la vena cefálica. Esta anastomosis suele hacerse látero-terminal.

2.- Radiobasílica

Se hace llevando la vena cubital desde el borde interno del antebrazo, por debajo de la piel, hasta la arteria radial a la que se sutura mediante la técnica latero-terminal.

Se puede hacer en pacientes en los que se ha perdido la vena cefálica. Es más trabajosa de realizar, más incómoda para el paciente y nunca debe ser una fístula de primera elección.

3.- Braquiocefálica

Consiste en la anastomosis a la cara lateral de la arteria braquial (humeral), en la flexura del codo, de la vena cefálica en posición terminal. Como es obvio, no se puede realizar con técnica término-terminal pues dejaríamos la extremidad sin irrigación.

Es una buena opción para aquellos pacientes en los que se ha perdido una fístula radiocefálica. En estos casos lo normal es que la vena cefálica se pinchase en el antebrazo, de modo que la porción de vena cefálica del brazo estará dilatada y poco usada. De este modo, anastomosamos una vena cefálica ya dilatada (por la anterior fístula) a la arteria humeral (braquial), con lo cual podremos usarla casi inmediatamente.

Cuando se puede realizar es una fístula de pocos problemas y con una facilidad de uso y urabilidad semejante a los de la fístula radiocefálica.

4.- Otras

Se han descrito otras numerosas alternativas como la carótidayugular o la femorosafena, pero ninguna es comparable a las descritas.

Si no se puede realizar una de las tres anteriores es preferible, hoy día, pasar directamente a colocar una prótesis.

3.4.-CLÍNICA

Sea la fístula interna del tipo que sea, se produce:

1.- Un soplo que se ausculta sobre ella y sobre la vena distal y que se acompaña de un frémito o thrill producido por el turbulento paso de sangre de la arteria a la vena. Cuando desaparecen es síntoma casi seguro de que la fístula por la razón que sea ha dejado de funcionar.

2.- La arteria distal con el tiempo, aunque no se haya ligado, disminuye de calibre.

3.- La vena proximal comienza a dilatarse desde el primer día y continúa haciéndolo durante 6-8 meses. Luego no se dilata o lo hace muy lentamente.

4.- Las paredes de la vena proximal se hacen más gruesas y con el tiempo adquieren el aspecto de una arteria más que de una vena. La vena proximal ha pasado de ser un vaso de paredes finas y pococ flujo a otro de paredes gruesas, de mayor calibre y con gran flujo.

5.- Hemos conseguido por alguno de estos procedimientos una vena "arterializada" idónea para Hemodiálisis.

6.- Una buena fístula interna debe reunir las siguientes condiciones:
-Una buena dilatación venosa
-No existencia de isquemia distal
-No existir hipertensión venosa distal provocada por hiperaflujo o dificultad de retorno venoso.

3.5.- DURACIÓN

Una fístula arteriovenosa interna bien realizada y con buenos cuidados, debe durar por encima de los diez años sin complicaciones.

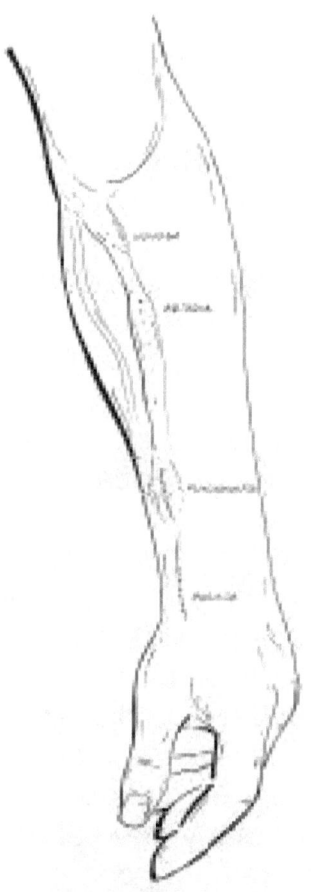

3.6.- COMPLICACIONES

Los pacientes con FAV Internas pueden presentar algunas complicaciones durante la diálisis o fuera de ella. Vamos a reseñar las más importantes, ya que es fundamental diagnosticarlas a tiempo y saber cómo se originan, para poder evitarlas.

3.6.1.- Hemorragia

La más frecuente, producida por desgarro de la aguja al pincharla y más frecuente al inicio de su utilización. Está casi siempre producida por una mala canalización de la vena con la aguja de hemodiálisis y se manifiesta en sus casos extremos por un engrosamiento de la zona, manifestación del hematoma producido. En los días siguientes la piel circundante cambiará de color indicando la existencia de sangre por debajo. En ocasiones, en punciones sucesivas, al atravesar con la aguja la zona de coágulo extravascular, encontraremos dificultad porque restos de este coágulo entrarán en la aguja obstruyéndola.

En otros momentos habrá que dejar en reposo la fístula y siempre es recomendable cambiar el sitio de inserción de la aguja de hemodiálisis.

En otras ocasiones, sobre todo en el comienzo de utilización de la fístula, es debido a que la compresión de final no es la correcta, ya que el orificio de la piel no se corresponde exactamente con el orificio de entrada en el vaso, debido a la tracción de la piel sobre el mismo. Posteriormente, con el uso, se forma una zona fibrosa que moviliza simultáneamente la piel y el vaso impidiendo este desfase.

3.6.2.- Infección

Se diagnostica fácilmente por la presencia de los signos típicos: calor, dolor, edema, rubor. Una fístula infectada puede conducir a serios problemas: sepsis, endocarditis y trombosis de la fístula.

Jamás se pinchará en una zona que se sospeche infectada.

3.6.3.- Trombosis

Algunas razones para que se produzca esta complicación son la hipotensión, la compresión mecánica de la vena (brazaletes, relojes, bolsos, etc.) o una inadecuada realización de la misma.

Algunos pacientes tienen la costumbre de dormir apoyados en el brazo de la fístula. Con frecuencia se producen por la extravasación de sangre que comprime la vena y precipita la trombosis.

Una vez reconocida se debe operar antes de las 12 horas. Más tarde, las posibilidades de salvar la fístula son escasas.

3.6.4.- Estenosis de la vena

Producida generalmente por punciones repetidas sobre la misma zona.

3.6.5.- Aneurismas

Caracterizado por la aparición de dilatación y adelgazamiento de las paredes. Cuando se producen hay que vigilarlos estrechamente por la posibilidad de aparición de trombosis, embolismo, infección o rotura. Su solución es siempre quirúrgica, con ablación del mismo.

3.6.6.- Síndrome de robo

Se caracteriza por la aparición de frialdad y parestesias de la extremidad que puede llegar a la necrosis de las puntas de los dedos. En estos casos una gran cantidad de sangre pasa de la arteria a la vena, vía fístula, con lo que los dedos se pueden quedar isquémicos. Los síntomas son más manifiestos durante la realización de las Hemodiálisis. Su solución es siempre quirúrgica.

3.6.7.- Síndrome de "sangre negra"

La sangre, en la zona de retorno, se vuelve más negra (desaturada). La explicación más usual es por un aumento de la resistencia venosa de retorno. Su solución es quirúrgica.

3.6.8.- Síndrome de hiperaflujo

Se produce, sobre todo, en las fístulas látero-laterales. Es debido a un incremento de la circulación venosa distal y se manifiesta por un edema duro de la mano. En ocasiones puede ser producido por la existencia de una gran circulación colateral "de novo". Su solución es siempre quirúrgica, cerrando el extremo distal de la vena o la circulación colateral neoformada.

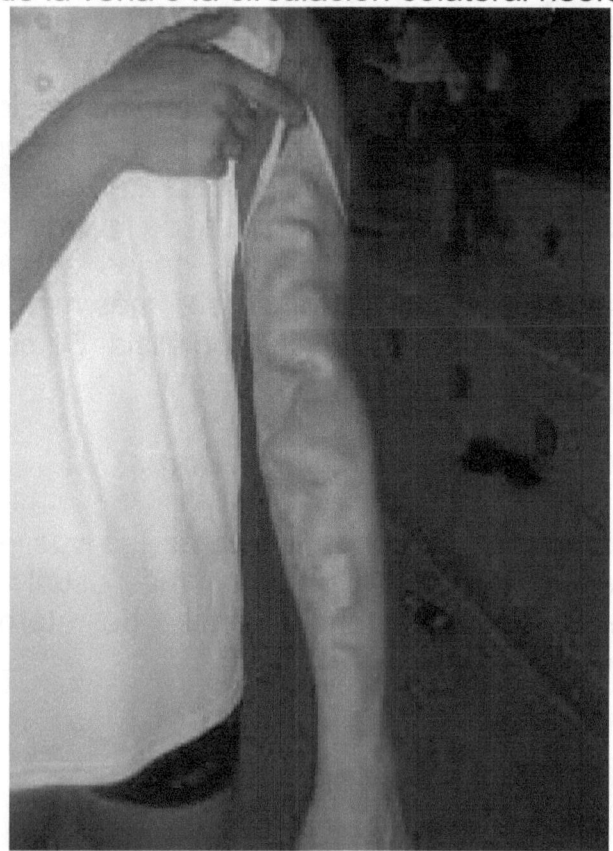

3.6.9.- Recirculación

En ocasiones, una colateral venosa puede devolver la sangre de la fístula a una zona anterior a la misma, provocando una recirculación de la misma. En otras ocasiones, más frecuente, una mala colocación de las agujas hace que la sangre que sacamos para enviar al dializador sea la misma que devolvemos del mismo. En ambos casos el resultado es una insuficiente diálisis. Se devolverá, bien ligando la colateral, bien separando los sitios de acceso a la vena.

3.6.10.- Compresión del nervio mediano

Aunque la causa más frecuente es la amiloidosis del túnel carpiano, un aneurisma importante puede también producirlo. Su corrección es quirúrgica.

www.ingramcontent.com/pod-product-compliance
Lightning Source LLC
Chambersburg PA
CBHW021853170526
45157CB00006B/2427